NOTICE

SUR

L'ATTACUS YAMA-MAÏ

(G. Mén.)

OU VER A SOIE DU CHÊNE DU JAPON

PAR

ALPHONSE BERNARD

EXTRAIT DU BULLETIN DE LA SOCIÉTÉ D'ACCLIMATATION
(Nº de novembre 1877.)

PARIS
IMPRIMERIE ÉMILE MARTINET
2, RUE MIGNON, 2
1877

PUBLICATIONS DE LA SOCIÉTÉ D'ACCLIMATATION

Tout ce qui concerne la rédaction doit être adressé, 19, rue de Lille, à Paris.

La Société d'Acclimatation publie chaque mois un recueil dans le format in-8°, orné de gravures lorsque les sujets traités l'exigent, et qui forme chaque année un fort volume.

Le *Bulletin mensuel* renferme : les travaux des membres de la Société et les communications des personnes qui y sont étrangères; des extraits des procès-verbaux des séances générales et de la correspondance des chepteliers ; une chronique de faits divers et extraits de correspondance ; un compte rendu bibliographique des ouvrages qui sont offerts à la Société; une revue de publications périodiques qui lui sont adressées et la liste des ouvrages nouvellement parus qui se rattachent aux travaux dont elle s'occupe.

Le *Bulletin mensuel* est envoyé à tous les membres de la Société à partir du commencement de l'année dans laquelle ils sont reçus.

La *Chronique de la Société d'acclimatation*, journal de faits divers et d'annonces, paraissant le 5 et le 20 de chaque mois, est en outre adressée gratuitement à tous les membres de la Société qui habitent la France et les pays voisins.

Cette feuille, destinée à faciliter les relations des sociétaires entre eux, insère gratuitement leurs offres, demandes et échanges d'animaux ou de plantes.

Les demandes en insertion doivent parvenir à la Société au moins cinq jours à l'avance.

Les personnes qui ne font pas partie de la Société peuvent s'abonner à ses publications aux conditions suivantes :

BULLETIN MENSUEL

Abonnement annuel.

Paris	**12 fr.**
Province	**14 »**
Étranger. Varie suivant les pays	» »

CHRONIQUE

Abonnement annuel.

Paris et province	**2 fr. 50**
Étranger	**3 » »**

Les abonnements partent du 1er janvier et sont faits pour l'année entière.

Prix de chacune des années du Bulletin *déjà publiées*
(le port en sus) :

1re série (années 1854 à 1863). 18 volumes. Chaque	12 fr.
Pour les membres	10 »
2e série (années 1864 à 1873). 10 volumes. Chaque	10 »
Pour les membres	6 »
3e série (depuis 1874), le volume	10 »
Pour les membres	6 »
Un numéro pris séparément	1 »
Pour les membres	75 c.

Nul envoi de tirage à part ou de numéro du *Bulletin* ne sera fait si la demande n'est accompagnée du prix de ces publications.

NOTICE

SUR

L'ATTACUS YAMA-MAÏ

(G. Mén.)

OU VER A SOIE DU CHÊNE DU JAPON

PAR

ALPHONSE BERNARD

EXTRAIT DU BULLETIN DE LA SOCIÉTÉ D'ACCLIMATATION
(Nº de novembre 1877.)

PARIS
IMPRIMERIE ÉMILE MARTINET
2, RUE MIGNON, 2
1877

NOTICE

SUR

L'*ATTACUS YAMA-MAÏ*, G. MÉN.

OU VER A SOIE DU CHÊNE DU JAPON

INTRODUCTION

J'habite le village de Céligny, près de Genève, en Suisse, où je dirige un domaine agricole appartenant à mon père. Il y a quelques années, j'appris par des amis habitant la France que des essais étaient faits pour l'acclimatation d'un nouveau Ver à soie, l'*Attacus Yama-maï*, se nourrissant de feuilles de chêne. Les détails qu'ils me donnèrent à ce sujet éveillèrent à tel point mon attention et mon intérêt que je me hâtai d'étudier la question et de m'informer si ce Ver à soie ne serait pas susceptible de réussir dans notre pays. J'appris bien vite que cette nouvelle espèce étant très-robuste, il y avait tout lieu d'espérer pouvoir l'acclimater chez nous, et je me décidai à en faire l'essai en petit. Je tirai de la graine de deux pays différents, de France et d'Autriche; j'en obtins quelques grammes qui me permirent de faire les éducations que je décris plus loin.

Pour donner quelque ordre à cette communication, je la diviserai en trois parties : la première contiendra une description sommaire du *Yama-maï* au point de vue physiologique ; la seconde indiquera la méthode d'éducation que j'ai suivie et les quelques remarques que j'ai pu faire pendant son cours; enfin la troisième partie sera la conclusion.

PREMIÈRE PARTIE

DESCRIPTION PHYSIOLOGIQUE

Je n'entreprendrai pas ici une description détaillée du Ver à soie du chêne dans ses diverses transformations ; d'autres l'ont fait avant moi d'une plume bien plus compétente que la mienne et avec des connaissances scientifiques que je ne possède point. Si je transcris ici quelques détails physiologiques sur les Vers à soie que j'ai élevés, c'est pour bien en préciser l'espèce et les ressemblances ou les dissemblances d'avec ceux élevés ailleurs.

Œufs. — L'œuf de l'*Attacus Yama-maï* est rond, ou, plus exactement, présente la forme d'une sphère fortement aplatie aux deux pôles, tout en conservant sa convexité sur les deux faces. Les œufs varient un peu entre eux de grosseur, mais en moyenne leur plus grand diamètre est de $0^{m},003$; leur couleur est brun-noyer ; les œufs mêmes sont parfaitement blancs, mais ils sont enduits d'une matière particulière qui leur donne une coloration brune, et qui, étant d'une nature gommeuse, est destinée à les fixer à l'objet sur lequel la femelle les pond. On prétend que cette couche superficielle est très-hygrométrique, et que, dans l'ordre de la nature, elle est chargée de retenir l'humidité des nuits du printemps et de favoriser ainsi l'éclosion des Vers à soie en rendant plus friable la substance calcaire des œufs. Je n'ai pas poussé assez loin mes observations pour affirmer l'exactitude de ce fait, mais j'y crois très-fermement. Il découle de là que les œufs qui sont complétement blancs ne sont nullement mauvais par ce fait, mais sont simplement privés de cette substance brunâtre qui en recouvre la majeure partie.

Comme chez les oiseaux, l'œuf est formé d'une coque calcaire très-légère, qui est un peu rugueuse ou parcheminée à l'extérieur et très-luisante à l'intérieur. Un mois après la ponte, comme il est facile de le constater, la petite chenille est déjà toute formée dans l'œuf, attendant la venue des premières chaleurs du printemps pour éclore. De même que chez les espèces ovipares, tous les œufs ne sont pas bons, c'est-à-dire fécondés ; les uns sont *clairs*, selon le terme consacré, ne contenant qu'un liquide visqueux ; les autres, aussi non fécondés, se sont plus ou moins aplatis sur une ou deux faces, trahissant ainsi leur non-valeur.

D'après mes observations, 1 gramme de graine contient en moyenne 120 œufs, sur lesquels il y a seulement 50 à 55 pour 100 de bons, autrement dit de fécondés ; on ne peut donc guère s'attendre à obtenir de 1 gramme de graine plus de 60 à 65 Vers à l'éclosion. Il va sans dire que, suivant la réussite, cette moyenne peut s'élever ou s'abaisser légèrement.

Au printemps, lorsque les conditions voulues de chaleur et d'humidité se sont réalisées, l'éclosion a lieu et le jeune Ver sort de son œuf par un trou qu'il y a pratiqué en le rongeant.

Chenille. — Premier âge. — Au sortir de l'œuf, la petite chenille a environ 0m,008 de longueur ; sa tête a un diamètre un peu plus grand que le reste du corps ; celui-ci se compose de la tête suivie de douze segments ou anneaux, les trois premiers portant les pattes écailleuses, puis deux anneaux centraux, ensuite quatre anneaux portant les pattes membraneuses, puis de nouveau deux anneaux et enfin l'anneau anal. Ces segments portent chacun des protubérances dont le nombre est de six pour les anneaux intermédiaires, et qui sont placés symétriquement les uns devant les autres. Au moment de la naissance du jeune Ver, ces protubérances ou tubercules sont très-peu saillants et les poils dont ils sont munis sont couchés en avant, appliqués contre la peau du corps et retenus dans cette position par le liquide dont la chenille est imprégnée. Pour faire redresser ces poils, le Ver renverse la moitié antérieure de son corps sur la moitié postérieure, et, en exécutant des mouvements réitérés de rotation et de friction, il parvient à sécher son corps en même temps qu'il fait relever les poils. Une fois cette manœuvre opérée, le Ver commence à manger et à se développer.

Le corps de la chenille est, dans son ensemble, d'un jaune

paille qui devient verdâtre après un ou deux jours, sans doute à cause de la transparence de la peau qui laisse apercevoir la couleur des aliments. Tous les anneaux, du deuxième au onzième, sont parcourus longitudinalement par cinq lignes qui passent à la base des tubercules ; le douzième segment présente trois taches noires, une médiane et deux latérales.

Le premier âge a une durée de dix à onze jours ; au bout de ce temps, la petite chenille tombe dans une espèce de sommeil ou de léthargie, pendant laquelle elle se prépare à la mue ou changement de peau qui termine le sommeil. A ce moment, l'ancien épiderme se crève à la nuque, et à cette place on voit sortir la nouvelle tête suivie du reste du corps. Cette sortie du Ver de sa vieille peau ne se fait pas sans grands efforts dans lesquels le Ver s'aide de ses pattes et de ses mandibules. La durée du sommeil est pour le premier âge de quarante-huit à soixante heures, selon les circonstances atmosphériques. Chaque mue, étant presque une maladie pour le Ver, est suivie d'une phase de convalescence pendant laquelle la chenille ne mange pas et reste dans un repos absolu. Quand quelques heures se sont écoulées, elle reprend des forces et se remet à manger.

Deuxième âge. — A cet âge, la chenille a la tête rouge et le corps jaune verdâtre ; le premier segment porte deux petites taches noires médianes. L'anneau anal présente deux taches noires latérales au-dessus desquelles se dessinent deux autres taches bleuâtres. Les pattes écailleuses sont brunes claires et les membraneuses sont grisâtres. Cet âge dure environ sept jours, suivis de trois jours de sommeil.

Troisième âge. — L'apparence extérieure du Ver est à peu près la même qu'à l'âge précédent, excepté que la tête devient bleue verdâtre et beaucoup plus grande relativement au reste du corps. Cet âge a une durée de dix à onze jours et le sommeil qui suit est de soixante à soixante-douze heures.

Quatrième âge. — La chenille grossit beaucoup pendant cet âge et son corps devient d'un beau vert semi-transparent. Cette période de sa vie dure treize jours et quatre jours de sommeil.

Cinquième âge. — Après la quatrième mue, la chenille demeure très-longtemps sans manger, mais lorsqu'elle recommence, son appétit devient alors dévorant et les feuilles de chêne disparaissent sous ses mâchoires comme par enchantement. Le Ver grossit beaucoup et atteint jusqu'à 0m,080 à 0m,085 de longueur.

Après seize ou dix-huit jours, le corps du Ver à soie devient plus transparent et blanchâtre entre les segments ; c'est le signe qu'il va se mettre à former son cocon ; en effet, on ne tarde pas à voir le Ver se vider en lâchant une grosse goutte d'un liquide visqueux, puis il réunit quelques feuilles de chêne autour de sa tête et se met à filer son cocon.

Le tableau suivant donne les époques d'éclosion et les moyennes de durée des différents âges :

Éclosion en 1870, du 1er au 6 mai.
— en 1871, du 22 avril au 11 mai.
— en 1872, du 22 avril au 4 mai.
— en 1873, du 9 au 12 mai.

1er âge (compris le sommeil)	....	13 à 16 jours.
2e —	—	2 à 8 —
3e —	—	10 à 15 —
4e —	—	12 à 16 —
5e —	—	18 à 21 —
	Total........	55 à 76 jours.

Comme on peut le voir par les chiffres ci-dessus, il y a de fortes différences dans la durée des mêmes âges suivant les années, et cela provient des circonstances atmosphériques. Si la saison est chaude, l'éducation sera beaucoup plus vite terminée que par des temps froids ou pluvieux. On voit ainsi qu'à Céligny la durée totale des éducations a varié de cinquante-cinq à soixante-seize jours.

Cocon.— Le cocon de l'*A. Yama-maï* ressemble beaucoup à celui du Ver à soie du mûrier, mais il est plus gros. Il est de forme oblongue, fermé aux deux bouts et d'une couleur jaune verdâtre ou jaune orange. La longueur est d'environ 0m,04 et son diamètre de 0m,02. A l'intérieur, le fil est d'un blanc d'argent et devient plus fort et plus brillant qu'à l'extérieur.

1 kilogramme contient 210 cocons frais (quinze jours après le commencement de leur formation), ce qui revient à dire qu'un cocon pèse en moyenne 5 grammes. Il faut aussi 530 cocons secs pour faire 1 kilogramme.

Papillon. — Environ trente-huit à quarante-deux jours après que le cocon a été commencé, il en sort un beau papillon. La couleur générale de ses ailes varie du jaune paille au brun gris avec toutes les nuances intermédiaires. Au centre de chacune des quatre ailes se trouve une tache ou œil. Le corps est de même couleur que les ailes. Lorsque le papillon a ses ailes développées, son envergure atteint jusqu'à 12 et 13 centimètres de longueur. Le sexe n'influe pas sur la couleur; il se reconnaît en ce que le mâle a les antennes plumeuses, tandis que la femelle les a seulement pectinées; en outre, cette dernière a l'abdomen beaucoup plus volumineux que le mâle. Les papillons s'accouplent quelques heures après leur naissance.

DEUXIÈME PARTIE

MÉTHODE D'ÉDUCATION EXPÉRIMENTALE

La méthode d'éducation que j'ai suivie et que je vais décrire n'est, je me hâte de le dire, nullement de mon invention. Je me suis éclairé des indications données par des personnes connaissant le *Yama-maï* et des publications qui ont paru à son sujet. Si je fais connaître ici comment j'ai procédé et les résultats que j'ai obtenus, c'est dans le but de fournir de nouvelles preuves de la possibilité de l'éducation du *Yama-maï*, comme aussi de signaler les points faibles sur lesquels l'esprit inventif des éducateurs doit travailler.

Je dois bien spécifier aussi que le système que j'ai suivi a en vue surtout une éducation seulement expérimentale, car je crois qu'une éducation en grand ou industrielle réclamerait des changements et peut-être même une manière de faire complétement différente. Mais l'une devant forcément découler de l'autre, c'est par les efforts qui sont faits dans un sens que l'on parviendra, je le crois, à trouver une méthode vraiment pratique pour l'éducation en grand.

Les Vers à soie du chêne subissent quatre mues (changements de peau) précédées chacune d'un sommeil qui peut durer jusqu'à deux ou trois jours; ces mues divisent ainsi leur vie en cinq âges dont le dernier se termine par la formation du cocon ; plus tard les papillons sortent des cocons et les femelles pondent des œufs qui éclosent au printemps suivant.

Conservation des œufs. — Un point très-important est de maintenir les œufs ou la graine dans un état parfait de conservation pour voir réussir l'éclosion, et obtenir des Vers sains et vigoureux, en forte quantité relativement à celle de la graine. Si l'on n'a que quelques grammes de graine, il suffit de les renfermer dans une boîte de carton percée de nombreux trous qui laissent passer l'air. Dans cet état, les œufs se conservent parfaitement bien ; par mesure de prudence, on peut de temps en temps les remuer légèrement afin qu'ils reçoivent tous une aération suffisante. En tous cas il ne faut jamais les mettre en couche trop épaisse ; au delà de 3 ou 4 millimètres d'épaisseur, il y a danger de voir s'établir une fermentation dans la masse des œufs.

On place les boîtes contenant la graine dans un local sec et froid. Comme je l'ai expérimenté, la graine peut très-bien supporter une température de 3 ou 4 degrés au-dessous de zéro sans en souffrir. On doit surtout la conserver dans un local parfaitement sec. Dans une de mes éducations, j'ai fait une fâcheuse expérience à cet égard ; voulant retarder l'éclosion le plus possible, je plaçai ma graine dans une cave ; quelque temps après, je trouvai mes œufs couverts d'une légère moisissure ; inutile de dire que l'éclosion fut très-peu satisfaisante, une partie de mes Vers ayant été asphyxiés dans leur coque dont les pores étaient obstrués par les champignons de la moisissure.

Une très-bonne manière de conserver les œufs est de les laisser sur la mousseline sur laquelle ils ont été pondus ; ils subissent alors une aération beaucoup plus normale et l'on se rapproche ainsi sensiblement de l'état de nature, ce à quoi il faut surtout viser. Cependant les œufs étant quelquefois plus ou moins agglomérés, il faut désagréger ces amas de graine qui nuiraient à l'éclosion, et voici pourquoi : comme je l'ai indiqué plus haut, pour sortir de son œuf, le Ver pratique un petit trou dans la coque ; or il arrive quelquefois que ce petit trou correspond dans un autre œuf, ce qui fait que le Ver ne peut pas sortir ; ou bien, l'œuf étant au centre d'une agglomération, la petite chenille s'y trouve prise. Il faut donc s'arranger de façon que les œufs soient plus ou moins isolés les uns des autres.

On ne doit pas manquer aussi de préserver la graine de l'atteinte des souris qui en sont très-friandes.

Éclosion. — En général, les œufs du *Yama-maï* éclosent lorsque les premiers bourgeons des chênes commencent à se développer ; cependant les choses ne se passent pas toujours aussi régulièrement. Si le printemps est hâtif, les bourgeons risquent de sortir avant l'éclosion et les feuilles seront alors trop dures lorsque naîtront les petits Vers ; ou bien c'est le contraire qui a lieu, le printemps est tardif et les œufs éclosent avant qu'il y ait aucune feuille aux chênes. Il faut donc se prémunir contre ces deux éventualités ; du reste la chose n'est pas difficile : étant donnée la facilité que l'on a à avancer ou à retarder l'éclosion, les cas que je viens de signaler ne doivent se présenter que par exception. Si l'on craint une éclosion prématurée, il est bon de préparer de petits chênes en pots, dont on active la végétation soit en les mettant en serre chaude, soit en les plaçant à une chaude exposition ; on obtient ainsi de petites feuilles bien avant qu'elles paraissent sur les chênes de la campagne.

Il est essentiel que les feuilles aient le même âge que les Vers ; trop dures ou trop tendres, elles les nourrissent mal et l'on n'obtient alors que des Vers chétifs qui font de petits cocons. Dès qu'il y a sur les chênes sauvages assez de bourgeons développés, on prépare l'éclosion ; pour cela, on place sa graine dans un milieu plus chaud ; on le fait aussi si, malgré les précautions prises, on trouve des Vers éclos dans les boîtes ; pour faciliter l'éclosion, on place les œufs sur un morceau de flanelle humide, ou bien on les humecte plusieurs fois par jour en secouant sur eux une brosse légèrement mouillée ; car c'est cette humidité qui attendrit la coque et qui, dans la nature, est produite par les pluies printanières. En combinant d'une manière judicieuse les conditions de température et d'hygrométrie, on a des éclosions bien réussies.

Les éclosions ont lieu principalement entre cinq et dix heures du matin. On peut procéder de diverses manières pour faire passer les jeunes Vers sur les feuilles de chêne. Si l'on a seulement quelques grammes de graines, on peut placer les œufs dans de petits couvercles de boîtes en carton, qu'on installe au milieu des branchages. On peut aussi utiliser pour l'éclosion la grande propension qu'ont les petites chenilles à se diriger du côté du jour ; voici comment j'ai opéré pour des éclosions un peu considérables : je plaçai les œufs dans un grand couvercle renversé de boîte en carton ; un des côtés se terminait en pointe, et à cette pointe était adaptée une petite baguette dont l'autre extrémité reposait sur un jeune chêne ; le tout était placé derrière ce chêne par rapport aux fenêtres ; les Vers, attirés alors par le jour, se dirigeaient vers le côté de la boîte terminé en pointe et passaient sur la baguette et de là sur le chêne ; rien n'était plus curieux que de voir défiler en foule les petites chenilles se précipitant vers leur premier repas. Lorsque je jugeais que le chêne était suffisamment garni de ses nouveaux habitants, je transportais tout l'appareil ailleurs en faisant appuyer sur un autre arbre la baguette de communication avec la boîte à graine. On doit bien se garder d'employer des boîtes à parois rugueuses, car les petits Vers s'y blessent et périssent ; rien n'est préférable à la boîte en carton.

Pour une éducation un peu en grand, la méthode la plus pratique consiste à laisser les œufs fixés à la mousseline sur laquelle ils ont été pondus. Il suffit alors, pour l'éclosion, d'y découper des morceaux d'un demi-centimètre carré que l'on place sur les chênes; les chenilles passent ainsi très-facilement sur les feuilles. On change chaque jour de place ces morceaux chargés de graine, afin d'avoir sur chaque arbre l'éclosion d'un seul jour; cette mesure est d'une grande importance pour avoir toujours réunis des Vers du même âge; de cette façon, ils font leurs mues et leurs cocons à peu près ensemble, et l'éducation y gagne beaucoup en facilité.

On doit aussi faire attention à ne pas placer sur un même arbre plus de Vers qu'il n'en peut nourrir pendant les deux premiers âges; en effet, il ne faut pas avoir à remuer les Vers pendant ces deux âges; ils sont alors trop faibles et délicats pour que cette opération ne se fasse pas à leur grand préjudice.

Je prie, à ce propos, qu'on veuille bien prendre note que lorsque je parle d'arbres, ce sont de jeunes chênes de 1 mètre à $1^{m},10$ de hauteur, placés en pots ou en caisses, et utilisés pour les deux premiers âges des Vers; comme je ne me suis occupé que d'éducations expérimentales, je ne puis parler que de celles-là et par conséquent pas de celles où l'éclosion a lieu en plein air.

Il faut aussi avoir soin, pendant l'éclosion, de conserver à l'air de la chambre d'éclosion une température sensiblement égale; s'il survient un abaissement un peu brusque de température, les Vers qui ont fini de perforer le trou de sortie dans leur œuf, surpris par le refroidissement de l'air ambiant, veulent se cacher dans leur coque, et par là font un mouvement qui déplace leur corps; alors, au lieu de leur tête, on voit surgir par le trou une portion du corps de la chenille, qui fait hernie à l'extérieur; dans cet état, c'est un Ver perdu, car il ne peut plus retirer son corps ni sortir sa tête et il périt ainsi. On conçoit que, si ce fait se reproduit sur un grand nombre d'œufs, cela peut occasionner une forte diminution dans la quantité des Vers qui éclosent. Lorsqu'on maintient constamment une température convenable, le Ver sort promptement de son œuf, dès qu'il a achevé l'orifice de sortie, et l'on voit à ses allures rapides qu'il se trouve dans un air qui lui convient.

Premier âge. — Pendant cet âge et pendant le suivant, les Vers doivent, autant que possible, être élevés en chambre et sur chênes vivants. Mais comme on ne possède pas toujours de petits chênes bien conditionnés pour cela, on peut placer les Vers sur des branches de chêne de 30 à 40 centimètres de longueur et qu'on plante dans des bouteilles ou des cruches pleines d'eau ; il faut alors observer certaines précautions indispensables pour la réussite de l'entreprise.

On doit d'abord faire au moins deux fois par jour le plein des flacons pour que les branches trempent toujours dans une quantité abondante d'eau, et se maintiennent ainsi le plus longtemps fraîches. En outre, en ajoutant chaque jour de la nouvelle eau, on introduit dans l'ancien liquide des éléments nouveaux qui retardent sa décomposition. Dans ces conditions, les petits branchages peuvent rester frais pendant quatre à cinq jours, suivant la température du local.

Il faut aussi boucher soigneusement le goulot des flacons dans lesquels trempent les branchages ; sans cela, les Vers qui descendent souvent le long des branches se noient infailliblement ; on peut employer pour cela le coton en bourre qui, outre l'avantage de fermer tous les interstices, a, comme nous le verrons plus loin, celui de faire promptement rebrousser chemin aux petits Vers.

Je penche fortement à croire que, dans tous les cas, il faudra élever les jeunes Vers en chambre pendant les deux premiers âges. J'ai essayé d'en élever complétement en plein air et d'autres en local fermé, et ce sont ces derniers qui ont le mieux réussi. En outre, à cette époque de leur vie, les petits Vers se laissent choir très-facilement de leurs branches, ou, si la température est élevée, ils deviennent agités et descendent en grand nombre le long du tronc de l'arbre. Si on les élève en plein air, tous ces Vers courent sur la terre où ils deviennent bientôt la proie des fourmis, ou se cachent dans les fentes du sol et l'on en perd ainsi beaucoup.

En revanche, on peut parer de deux manières à cet inconvénient : quant à ceux qui sont tombés, il faut les relever au fur et à mesure de leur chute ; pour cela, le meilleur moyen que j'ai trouvé, c'est d'avoir de petits carrés de papier, au milieu desquels on découpe un trou ovale ; on place ces petits morceaux de papier sur les Vers tombés, de façon qu'ils se trouvent emprisonnés dans le vide formé par le trou ; ils sont alors forcés de passer sur le papier qu'on replace ensuite sur les branches, et les Vers ne tardent pas à l'abandonner pour passer sur les feuilles.

Pour empêcher les jeunes chenilles de descendre le long du tronc, voici ce que j'ai fait : ayant remarqué que les toiles d'araignée étaient un obstacle insurmontable à la marche de toute espèce de chenilles, je les ai employées contre les pérégrinations des petits Vers à soie. J'ai donc entouré chaque tronc d'un collier de toiles d'araignées, et j'ai vu alors les jeunes Vers s'arrêter devant cette barrière, désagréable pour eux, et remonter dans les branches. On peut aussi employer le coton en bourre ; il produit à peu près le même effet que les toiles d'araignées et d'une manière plus agréable à l'œil et au toucher.

J'ai aussi préparé pour les deux premiers âges des caisses plates remplies de terre fine, ou mieux encore de terreau dans lequel j'avais semé en automne des glands très-serrés. Au printemps, ces semis m'ont donné un petit taillis en miniature sur lequel j'ai placé beaucoup de Vers qui ont trouvé là des feuilles jeunes et tendres. Avec ce système, les vers qui se laissent choir trouvent facilement le moyen de remonter dans les feuilles. Si les glands ont mal levé ou si l'on n'en a pas à sa disposition, on peut les remplacer par de petits plantons de chêne qu'on trouve dans les bois et qu'on place au printemps dans les caisses.

Si l'on emploie des branchages, il faut prendre la précaution de mettre suffisamment de Vers sur chaque branche pour qu'ils mangent toutes les feuilles avant qu'elles se flétrissent. Quand les feuilles sont presque toutes mangées, on prépare de nouveaux bouquets de branches sur lesquelles on place les anciennes chargées de leurs Vers ; ceux-ci ont bientôt passé sur les feuilles fraîches, et l'on enlève alors les anciens bois à mesure qu'ils sont abandonnés par les Vers ; on peut s'aider du sécateur pour les retirer par morceaux.

Il a été reconnu que l'*A. Yama-maï* est, pendant tout le cours de son existence, très-avide d'humidité ; aussi doit-on dès sa naissance satisfaire à ce besoin en lui administrant de petites pluies artificielles. Pendant les deux premiers âges, la meilleure méthode indiquée est de tremper dans l'eau une brosse à longs poils, sur lesquels on passe la main, ce qui renvoie une légère poussière d'eau qu'on dirige sur les feuilles. Plus tard, lorsque les Vers sont plus gros, on peut employer de petites seringues de serre. Il n'y a pas de règle fixe à donner pour le nombre de ces arrosages ; on doit en cela suivre son impulsion et se guider sur l'état de l'atmosphère et le degré de la température. On peut se convaincre du besoin d'eau qu'éprouvent ces Vers en voyant avec quelle ardeur ils cherchent les gouttelettes d'eau qui restent sur les feuilles après l'arrosage.

Deuxième, troisième, quatrième et cinquième âges. — Pendant ces différents âges, on suit la même méthode que celle que je viens d'indiquer pour le premier ; seulement, à partir du troisième âge, on peut, et je dirai même l'on doit, élever les Vers en plein air si l'on veut leur donner bonne vigueur. En effet, dès ce moment, ils ont grand besoin d'air et de lumière, et l'on ne peut obtenir ces deux conditions qu'en plein air. Cependant il faut chercher à éviter les rayons directs du soleil, qui dessécheraient trop vite les branchages, et les attaques des oiseaux. Dans ce but, j'ai élevé mes Vers à soie sous un hangar léger recouvert de toile grossière, à tissu très-lâche. Sur les quatre côtés du hangar la toile était à pans mobiles que je relevais pendant le jour, comme on le fait avec les stores ; le soir, je les baissais et attachais toutes les pièces les unes aux autres. De cette façon, j'obtenais autant d'air et de lumière qu'il était possible, et, pendant la nuit, mes *Yama-maï* étaient à l'abri de toute attaque.

Une fois que les Vers sont en plein air, c'est-à-dire à partir du troisième âge, on peut employer des branchages beaucoup plus gros, de 1 mètre à 1m,50 de longueur, et que l'on place dans des cruches à col étroit que l'on bouche avec de la mousse ; on peut enterrer ces cruches aux trois quarts de leur longueur dans la terre pour leur donner plus de fixité. Elles doivent être alignées régulièrement par rangs parallèles, entre lesquels on laisse un espace suffisant pour pouvoir circuler librement. Les grandes branches peuvent alors rester fraîches pendant huit à dix jours, et même plus longtemps si la température n'est pas trop élevée.

Pendant le cinquième âge, l'appétit des Vers augmente considérablement; on doit leur fournir de la nourriture en abondance. Lorsque le moment approche où les Vers vont commencer à filer leur cocon, on ne doit plus changer les branches; on risquerait de déranger les Vers qui ont commencé à filer et de perdre ainsi beaucoup de cocons; car un Ver qui a été dérangé quand il venait de commencer à filer court de tous côtés en perdant sa soie, finit par tomber et meurt.

Si l'on ne donne pas, à ce moment, suffisamment de nourriture, les Vers qui mangent encore attaquent quelquefois les feuilles rassemblées pour un cocon et empêchent ainsi son achèvement. C'est encore un Ver perdu.

Quand le coconnage a commencé, il faut cesser les aspersions pour ne pas introduire de l'humidité dans les cocons.

Cocons. — Quatre ou cinq jours après qu'il a été commencé, le cocon est achevé. Si on veut employer les cocons pour la production de la soie, on attend encore une dizaine de jours, puis on les détache des branches et on les dépouille complétement des feuilles qui les entourent; ils sont alors prêts à être livrés au commerce.

Si l'on conserve les cocons pour le grainage, il faut agir avec quelques soins. On recueille alors les cocons au fur et à mesure de leur achèvement, en les laissant garnis de quelques feuilles; on suspend alors le tout, au moyen d'un petit crochet en fil de fer, à une ficelle tendue au travers d'une chambre. Plus tard, quand approche le moment de la sortie des papillons, on débarrasse complétement les cocons des feuilles adjacentes et on les enfile en chapelets de dix ou douze, en ayant soin de faire passer le fil à la surface du cocon et pas à la pointe même pour ne pas gêner la sortie du papillon. On suspend ainsi les chapelets par le milieu à un axe horizontal placé dans la partie supérieure de l'appareil de grainage. Les cocons étant dans cette position, les papillons en sortent très-facilement et sans se meurtrir les ailes.

L'appareil de grainage consiste en une sorte de longue cage formée d'un léger châssis sur lequel on tend de la mousseline, mais en ayant soin de la fixer à l'intérieur ; de cette façon, les œufs sont tous pondus sur la mousseline. Les côtés de cette cage ne sont pas perpendiculaires, mais en pente déclive, ce qui permet aux femelles de se maintenir pendant la ponte. Dans ces conditions, les accouplements se font très-facilement, les mâles et les femelles se trouvant très-rapprochés les uns des autres.

Je préfère suspendre les chapelets de cocons plutôt que de les placer au fond de la cage sur fil tendu, comme on l'a conseillé. Avec cette dernière méthode, les papillons se laissent tomber dans le vide qui existe entre les cocons et le fond de la cage, s'y abîment les ailes, et les accouplements se font alors beaucoup plus difficilement.

Avant d'enfiler les cocons, il faut les débarrasser aussi complétement que possible de leur bourre ; sans cela, les œufs que les papillons pondent sur les cocons sont plus ou moins entourés de cette bourre qui, lors de l'éclosion, gêne considérablement les petites chenilles.

Cent cocons, mâles et femelles, m'ont donné en moyenne 30 à 35 grammes de graine. En admettant la proportion des femelles égale à celle des mâles, on voit que chaque papillon femelle donne environ 3/4 de gramme de graine.

Comme je l'ai déjà dit, on peut recueillir les œufs un mois après la ponte et les conserver pendant l'hiver dans des boîtes de carton, ou les laisser jusqu'au printemps à la mousseline sur laquelle ils ont été pondus.

Je ne veux pas terminer cet exposé sans chercher à répondre aux objections qu'on présente contre l'éducation du *Yama-maï* et qui sont relatives : 1° aux circonstances atmosphériques de nos contrées; 2° aux animaux nuisibles comme les oiseaux, les fourmis, etc.

Je puis dire qu'à Céligny, pendant les quatre ans que j'ai élevé des *Yama-maï*, ces derniers ont subi toutes les températures, des alternatives de froid et de grande chaleur, de violents orages, et toutes ces circonstances atmosphériques n'ont altéré en rien leur état prospère. Les vents du nord et du midi ne leur ont été nullement nuisibles comme quelques personnes le prétendent.

Le principal avantage de cette espèce de Vers à soie est d'être excessivement robuste et de pouvoir supporter impunément de grandes variations de température. La seule influence que peut avoir la saison sur eux est d'allonger ou de raccourcir les différents âges, et conséquemment toute l'éducation, suivant que le temps est plus ou moins chaud.

Quant aux attaques d'animaux nuisibles, elles sont insignifiantes pour peu que l'on prenne quelques précautions à leur égard. Les fourmis qui courent le long des branches de chêne sont vite mises en fuite par quelques mouvements brusques des Vers. Elles ne leur font réellement du mal que lorsqu'elles trouvent un Ver à terre; alors elles se réunissent en troupes nombreuses autour de lui et finissent par le faire succomber sous leurs morsures. Mais ce dénouement est facile à éviter en relevant à temps le Ver égaré.

Les oiseaux seraient plus à craindre si on laissait les Vers à eux-mêmes; mais ça ne peut guère être jamais le cas; ou l'éducation se fait sous hangar couvert et l'on peut alors le fermer assez bien pour n'avoir pas à craindre les ravages des oiseaux, ou l'éducation se fait en grand en plein air et un gardien peut alors écarter les oiseaux par quelques coups de fusil.

TROISIÈME PARTIE

J'ai terminé ici ce compte rendu des éducations que j'ai faites de l'*Attacus Yama-maï*. Si je puis dire que j'ai réussi au point de vue purement expérimental, je ne dois pas nier qu'à mon sens il y a encore bien des points à gagner pour arriver à une méthode d'élevage réellement pratique ; tant qu'on ne l'aura pas trouvée, il ne faut guère espérer voir l'éducation industrielle du *Yama-maï* prendre une bien grande extension. Il faut donc faire appel aux hommes qui s'occupent sérieusement de sériciculture et qui parviendront, je n'en doute pas, à perfectionner toujours davantage le système d'éducation du *Yama-maï*. Déjà bien des efforts ont été faits dans ce sens et sont loin d'être restés infructueux. C'est ce qui me permet de signaler ici les points faibles qui existent encore sur cette branche de la sériciculture et sur lesquels il est bon d'attirer l'attention des hommes compétents :

1° Si l'on doit élever les Vers pendant les deux premiers âges en local fermé et sur petits chênes vivants, ces derniers occupant relativement beaucoup de place, on est obligé d'avoir à sa disposition une étendue de local considérable.

2° Les Vers se laissant choir en grand nombre pendant les deux premiers âges, l'opération de les replacer sur les branches prend beaucoup de temps ;

3° Enfin, le système des branches trempant dans l'eau, bon en lui-même, demande beaucoup de main-d'œuvre pour les remplacements et pour le transfert des Vers ; en outre, on éprouve une certaine difficulté à fournir exactement la quantité voulue de nourriture, quantité qui ne doit pas être assez considérable pour que la feuille se sèche avant qu'elle soit mangée, ni trop faible, pour que les Vers n'aient pas à souffrir de la faim.

Je ne puis malheureusement pas donner d'indications sur la qualité de la soie ni sur la quantité obtenue suivant un certain poids de cocons. Quoique j'aie obtenu des récoltes de plusieurs milliers de cocons, je n'en ai pas fait filer, et il ne m'en reste en réserve que quelques kilogrammes secs comme spécimen, le reste ayant été consacré au grainage.

Depuis deux ans, j'ai dû cesser les essais d'éducation que j'avais entrepris, n'ayant pas assez de temps à moi pour poursuivre ces observations ; j'ai beaucoup regretté de ne pas pouvoir continuer mes élevages de *Yama-maï*, mais je n'en demeure pas moins convaincu que, tôt ou tard, l'éducation de ces Vers à soie prendra une place importante dans l'industrie séricicole. Il me semble qu'il ne peut en être autrement quand on considère la rusticité de cette nouvelle espèce et l'abondance de nourriture qu'on a sous la main.

C'est cette persuasion qui m'a engagé à donner communication des pages qui précèdent et que je termine en faisant des vœux pour l'avenir de cette nouvelle branche de la sériciculture.

PARIS. — IMPRIMERIE DE E. MARTINET, RUE MIGNON, 2.

CONCOURS ANNUELS, RÉCOMPENSES ET ENCOURAGEMENTS

Les Français et les étrangers, les membres de la Société et les personnes qui n'en font pas partie peuvent également obtenir ses récompenses et encouragements.

Les résultats que la Société prend en considération et qu'elle récompense, s'il y a lieu, sont de quatre ordres :

1° Introduction d'espèces, races ou variétés utiles, soit d'animaux, soit de végétaux.

2° Acclimatation, domestication, propagation, amélioration d'espèces, races ou variétés animales ou végétales, soit susceptibles d'emplois utiles, soit même simplement accessoires ou d'agrément.

3° Emploi agricole, industriel, médicinal ou autre, d'animaux ou de végétaux récemment introduits, acclimatés ou propagés, ou de leurs produits.

4° Travaux théoriques relatifs aux questions dont la Société s'occupe. (Primes ou médailles.)

Les mémoires devront être rédigés en langue française.

Les récompenses et encouragements que décerne la Société sont chaque année :

1° S'il y a lieu, le titre de membre honoraire. La Société, réunie en séance, sur la proposition du Bureau, pourra conférer ce titre aux personnes qui, par leurs voyages ou par leur séjour à l'étranger, auront rendu d'importants services.

Les membres honoraires, pendant leur séjour à Paris, jouiront de tous les droits des membres titulaires.

Un membre honoraire qui serait resté pendant cinq ans sans avoir entretenu aucune relation avec la Société pourrait être déclaré démissionnaire.

2° Une ou plusieurs médailles d'or, grand module, d'une valeur intrinsèque de 400 francs. (Médaille hors classe.)

3° Une ou plusieurs grandes médailles d'argent à l'effigie d'Isidore Geoffroy Saint-Hilaire. (Médaille hors classe.)

4° Des prix extraordinaires proposés par la Société ou des particuliers, consistant en des médailles ou primes en argent, sur des sujets spécialement désignés.

5° Des primes en espèces.

6° Des médailles de première classe, d'argent.

7° Des médailles de seconde classe, de bronze.

Chaque médaille porte gravé le nom du lauréat ainsi que la date et l'objet de la récompense accordée par la Société.

8° Des mentions honorables.

9° Des récompenses pécuniaires.

Ces encouragements sont particulièrement destinés à être donnés aux gens à gages qui auront concouru, par leurs soins, au but que poursuit la Société.

Les personnes qui croient avoir droit aux récompenses ou encouragements de la Société devront envoyer *franco*, avant le 1er *décembre*, un rapport circonstancié sur les résultats qu'elles auront obtenus et mettre la Société en mesure de constater ces résultats, soit par elle-même, soit par l'intermédiaire des Sociétés affiliées ou agrégées, ou des Délégués; en cas d'impossibilité, l'envoi de procès-verbaux, *certificats légalisés* ou autres documents authentiques, propres à tenir lieu d'un examen direct, sera toujours exigible.

Lorsque les prix devront être obtenus à la suite de résultats annuels, les faits devront être *légalement constatés chaque année.*

Le programme des prix fondés par la Société est adressé gratuitement à toute personne qui en fait la demande par lettre affranchie.

EXTRAITS DES STATUTS & RÈGLEMENTS

Le but de la Société d'Acclimatation est de concourir :

1° A l'introduction, à l'acclimatation et à la domestication des espèces d'animaux utiles et d'ornement; 2° au perfectionnement et à la multiplication des races nouvellement introduites ou domestiquées; 3° à l'introduction et à la propagation des végétaux utiles ou d'ornement.

Le nombre des membres de la Société est illimité.

Les Français et les étrangers peuvent en faire partie.

Pour faire partie de la Société, on devra être présenté par trois membres sociétaires qui signeront la proposition de présentation.

Chaque membre paye :

1° Un droit d'entrée de 10 fr.;

2° Une cotisation annuelle de 25 fr., ou 250 fr. une fois payés.

La cotisation est due et se perçoit à partir du 1er janvier.

Chaque membre ayant payé sa cotisation recevra à son choix :

OU une carte qui lui permettra d'entrer au Jardin d'acclimatation et de faire entrer avec lui une autre personne;

OU une carte personnelle et DOUZE billets d'entrée au Jardin d'acclimatation dont il pourra disposer à son gré.

Les membres qui ne voudraient pas user de ces entrées peuvent les déléguer.

Les sociétaires auront le droit d'abonner au Jardin d'acclimatation les membres de leur famille directe (femme, mères, sœurs et filles non mariées, et fils mineurs) à raison de 5 fr. par personne et par an.

Il est accordé aux membres un rabais de 10 pour 100 sur le prix des ventes (exclusivement personnelles) qui leur seront faites au Jardin d'acclimatation.

Le *Bulletin mensuel* et la *Chronique* de la Société sont gratuitement délivrés à chaque membre.

La Société confie des animaux et des plantes en cheptel. Pour obtenir ces cheptels, il faut :

1° Être membre de la Société;

2° Justifier qu'on est en mesure de loger et de soigner convenablement les animaux et de cultiver les plantes avec discernement;

3° S'engager à rendre compte deux fois par an au moins des résultats **bons** ou **mauvais** obtenus et des observations recueillies;

4° S'engager à partager avec la Société les produits obtenus.

En outre des cheptels la Société fait, dans le courant de chaque année, de nombreuses distributions, entièrement gratuites, des graines qu'elle reçoit de ses correspondants dans les diverses parties du globe.

La Société décerne, chaque année, des récompenses et encouragements aux personnes qui l'aident à atteindre son but.

(Le règlement des cheptels et la liste des animaux et plantes mis en distribution sont adressés gratuitement à toute personne qui en fait la demande par lettre affranchie.)

PARIS. — IMPRIMERIE DE E. MARTINET, RUE MIGNON, 2

www.ingramcontent.com/pod-product-compliance
Ingram Content Group UK Ltd.
Pitfield, Milton Keynes, MK11 3LW, UK
UKHW020233180726
13838UKWH00005B/2372

9 782329 390338